한국의 사드

SOUTH KOREA'S THAAD

TERMINAL HIGH ALTITUDE AREA DEFENSE

저자 양혜원(梁惠嫄)

CONTENTS

Chapter

01

서 론

제**1**장

서론

한국은 사드(THAAD: Terminal High Altitude Area Defense)와 관련하여 현재까지도 단 한 가지도 잘못한 사실이 없다. 그럼에도 불구하고 중국은 한국이 동아시아의 평화를 해친다고 거꾸로 이야기를 하고 있다. 그러나 군사적인 사실을 들여다보면 그렇지 않다는 것을 입증할 수 있다. 중국은 이미 러시아판 사드인 S-300을 약 10년 동안 배치하여 운용하고 있었다. 한국에 사드 문제가 크게 불거지기 시작하였던 2016년과 2017년보다 훨씬 앞선 시기인 2014년에 중국은 러시아로부터 S-400을 구매하는 결정을 내렸다. 이후 러시아로부터 S-400을 조기에 도입하여 배치를 완료하였다. 중국은 한국이 사드를 통하여 중국을 들여다본다고 하였지만 정작 한국과 가장 가까운 산둥반도에 S-400을 배치한 것은 중국이다. 한국에게 사드 구입을 하지 말라고 강요하면서 정작 2년 전에 중국은 러시아판 사드인 S-400

을 구매한 것이다. 한국은 현재까지도 사드를 구입하지 않았고 사드는 주한미군에 배치되어 운용되고 있을 뿐이다. 한국의 사드 배치와 관련하여 잘못 알려진 군사적 사실이 너무나 많다. 2년이나 일찍 러시아판 사드인 S-400을 구입한 중국은 한국에게 사드에 대하여 이래라 저래라 할 자격조차 없다.

한국은 사드와 관련하여 중국과 심각할 정도로 갈등을 겪었다. 사드 문제와 관련하여 국내에 알려진 것과 달리 군사적인 사실을 살펴보면 일방적으로 한국이 중국에 의하여 휘둘리고 당하였다. 중국의 천하이 외교부 아주국 부국장은 소국(한국)이 대국(중국)에게 대항하지 말라는 말을 하여 공분을 샀다. 이는 외교적인 결례로서 첫째, 한국에 대하여 소국이라고 표현한 것이 잘못되었다. 둘째, 한국의 사드와 관련한 정책에 대하여 대항하지 말라면서 내정간섭을 한 것이 잘못되었다. 한국이 사드를 배치할 것인지 아니면 말지는 한국 정부가 결정하는 것이다. 중국은 한국에 대하여 이래라 저래라 할 권한 자체가 없다. 한국의 사드 배치에 대하여 중국이 사드를 배치하지 말라면서 강압하고 관여하는 것 자체가 한국 주권에 대한 침해다.

한국의 특수한 상황에 대하여 한국 정부가 고려하고 이에 대응하는 것은 한국 고유의 주권에 해당하는 사안이며 중국이 어떠한 순간에도 간섭할 수 없는 사안이다. 한국은 국익을 위하여 사드를 배치한다는 결정을 내렸다. 사드 배치 결정은 한국 정부의 권한이지 중국의 말을 들을 사안에 해당하지 않는다.

한국은 6·25 전쟁 이후 북한과 군사적으로 대치하고 있으며 상시적인 위협을 받고 있다. 북한의 도발은 지속적으로 이루어지고 있으며 핵무기와 탄도미사일 위협을 가하고 있고 이 위협은 점점 더 커지고 있다. 북한이 수시로 미사일을 발사하는 등 군사적인 위협을 가하는 데 한국 정부는 대비태세를 갖출 수 밖에 없다. 지난 수 십년 동안 한국은 안 해본 정책이 없다고 할 정도로 북한과의 관계 개선을 위하여 무수한 노력을 하였다. 강경정책부터 유화정책에 이르기까지 북한과 많은 약속을 하였지만 그 약속은 북한이 일방적으로 깨면서 지켜지지 않았다. 북한이 언제 핵무기와 탄도미사일로 위협할지 모르는 상황에서 한국 정부는 국민을 지키기 위하여 정책 결정을 내렸다. 한국의 6.25전쟁은 끝나지 않았으며 정전상태에 머무르고 있다. 한국의 정전협정 문서를 살펴보면 1953년 7월 27일부터 정전협정의 일체 규정이 22시부터 효력을 발휘한다고 적혀있다. 이 정전협정 문서에 서명한 사람은 미국의 육군 대장 마크 클라크 국제연합군 총사령관과 중국의 인민지원군 사령원 팽덕회와 조선인민군 최고사령관이자 조선민주주의 인민공화국 원수 김일성이다. 1953년 7월 27일 오전 10시에 한국 판문점에서 한국 문서, 영어 문서, 중국 문서로 작성되었다. 이 세 가지 글로 정전 협정문서가 적혀있는데 미국과 중국이 한반도에서 피를 흘리면서 전쟁을 오랫 동안 이어갔던 것을 상징적으로 보여준다고 할 수 있다. 6.25전쟁은 김일성이 주도하여 소련의 스탈린과 중국의 모택동에게 도움을 받아 일으킨 전쟁이다. 김일성은 같은 한 민족을 학살하였다. 6.25전쟁은 끝나지 않은 전쟁이며 북한은 지금도 공산주의를 추종하고 있다. 이러한 엄중한 상황에서 한국 정부가 내린 결정은 한국 국민을 위한 결정인 것이다.

사드를 구입하지 않은 한국에 대하여 중국은 가혹하게 매질을 하면서 경제적, 외교적, 문화적 등 다양한 방법으로 보복하였다. 한국에 배치된 사드는 AN/TPY-2(Army Navy Transportable Radar Surveillance and Control Model 2)라는 지상 해상 이동감시형 레이더를 사용하고 있다. 한국에 있는 AN/TPY-2 레이더와 똑같은 기종이 일본에 배치되어 있는데 일본에 배치될 때에는 중국은 한국에게 가혹하게 대하였던 것과 반대로 강력하게 일본에 대하여 반대를 하지 않았고 심지어 묵인하는 모습을 보였다. 같은 사드 레이더 기종이었는데 한국에 대해서만 중국이 가혹하게 보복한 것이다. 한국과 일본의 사드 배치 과정에 대하여 상세하게 비교하여 그 원인을 분석한 내용은 이 책에서 후술할 것이다.

사드는 빠른 속도로 탄도미사일 공격이 이루어졌을 때 이를 방어하는 무기이다. 40-150km의 고도에서 날아오는 탄도미사일을 직접 충돌하는 방식으로 요격하여 국가의 핵심시설과 국민을 보호하는 무기이다. 북한이 6차례의 핵실험을 시도하고 탄도미사일을 고도화하는 가운데 한국은 순수하게 방어하기 위한 목적에서 사드가 필요하였다.

본 연구는 한국의 사드와 관련하여 정확한 군사적인 사실을 전달하고 한국 국민을 지키기 위하여 시작되었다. 현재까지 사드와 관련하여 잘못 알려진 군사적 사실을 바로잡는 것이 필요하였다. 한국 국민들에게 사드와 관련하여 한국이 마치 큰 잘못을 저지른 것으로 오인된 점에 대하여 그렇지 않다는 점을 명백하게 밝히고자 군사적 사실을 연구하여 입증하였다. 한국은 사드와 관련하여 전혀 잘못하지 않았음에도 불구하고 마치 큰 잘못을 저지른 것으로 오인 받았고 중국으로부터 가혹하게 보복을 겪었다. 본 연구는 한국이 외교적, 경제적, 문화적으로 억압을 받았던 사드와 관련한 부당한 사실에 대한 진실을 밝히고 국민을 지키고자 한다.

Chapter

02

사드 분석을 위한
국제정치 이론 분석

제2장

사드 분석을 위한 국제정치 이론 분석

사드는 미국의 방위산업체인 록히드마틴(Lockheed Martin Cor-poration)사가 개발한 무기체계이다. 한국 국민이라면 사드와 관련한 논란에 대한 뉴스를 누구나 본 경험이 있을 것이다. 2016년부터 2017년까지가 사드와 관련하여 한국이 중국으로부터 강하게 보복을 당하였던 시기였기 때문이다. 또 이러한 사드 관련 위협이 여전히 남아있다고 생각하는 사람들도 있다. 여행 관련 업종이라든지 직·간접적으로 사드와 관련한 업종에 종사한 사람이라든지 등 사드와 관련하여 여전히 좋지 못한 감정과 상황이 남은 사람들이 존재한다. 사드와 관련하여 직접적인 언급 자체를 꺼리거나 한국이 무엇인가 잘못한 것이 아닌가 하는 오인(misperception)을 하기도 한다.

사드는 1990년 8월 2일부터 1991년 2월 28일까지 걸프전쟁을 치르면서 개발되기 시작하였다. 사드는 미국이 사막의 폭풍(Desert

Storm) 작전을 수행하면서 필요하게 되었다. 미국은 이라크로부터 다란에 있던 예비보급소가 스커드 미사일 공격을 받게 되자 미사일 방어를 하여 방어하는 것이 중요하다는 점을 깨닫게 된다. 이라크가 1990년 8월에 쿠웨이트를 침공하자 국제사회는 유엔 안보리에서 12개 결의안을 통과시키고 이라크가 쿠웨이트로부터 철군할 것을 요구하였다. 1990년 11월 29일에 이라크가 만일 철수하지 않으면 무력을 사용하는 것도 불사하겠다는 점에 대하여 결의하게 된다. 이라크가 쿠웨이트를 공격하는 것을 멈추지 않자 미국은 약 43만명의 병력과 전세계에서 참전한 33개국의 약 68만명의 다국적 병력을 포함하여 바그다드 공습을 1991년 1월 17일 시작하였다. 미국이 초기에는 사막의 방패(Desert Shield)라는 작전명을 검토하였다가 사막의 폭풍으로 변경하였다. 이라크의 공격을 막는다는 의미에서 방패(Shield)를 사용하다가 공세적으로 변화하면서 전략을 바꾼 것이다.

1991년 2월 사우디아라비아에 위치한 다란에 이라크가 스커드 미사일을 발사하였다. 당시 28명의 미군은 사망하였고 인근의 약 2km 반경은 혼란이 발생하게 된다. 미국이 사막의 폭풍 군사 작전을 하는 동안에 사망한 미군은 146명이었는데 약 21%에 해당하는 28명이 죽었다는 점을 고려한다면 미국으로서는 상당한 타격을 주는 사건이었다. 이러한 사건을 겪으면서 미국은 스커드 미사일 등의 방어를 하는 무기가 필요하다는 점에 대하여 인식을 보다 강하게 하게 되었고 본격적인 개발을 추진하게 된다.[1]

---

1) Department of State Office of the Historian, "The Gulf War, 1991"

사드는 1987년에 시범사업으로서 미국 육군이 필요하다는 점을 제안한 적이 있다. 그러다가 걸프전을 계기로 필요성이 제기된 후 1992년 록히드마틴이 사드를 만드는 업체로 선정되었다. 사드는 계속 개발이 되다가 1995년에 기술실증프로그램을 시작하였다. 이후 사드는 여러 차례 실패를 겪었다. 사드를 만드는 실패가 거듭되자 미국 의회는 프로젝트 폐기 명령을 내릴 준비를 하는 직전이었던 1999년 6월에 사드는 요격 실험에 성공하게 된다. 2005년 이후에는 대부분의 양산 단계에서 하는 요격 실험에서 성공적인 결과를 나타냈다.[2]

사드는 대기권 내와 대기권 밖에서의 미사일 공격에 대하여 막아낼 수 있는 최첨단 무기체계이다. 사드는 AN-TPY-2(지상해상 이동감시형 레이더, Army Navy Transportable Radar 2)라는 레이더로 탐지한다. 발사대, 요격 미사일, 발사통제장치 등으로 구성된다. 사드는 40-150km를 요격할 수 있기 때문에 패트리어트가 막지 못하는 공격 무기를 요격하는 장점을 지닌다. 또한 사드는 다층 방어를 하는 데 도움을 준다. 사드는 탄도 미사일의 탄두를 직접 파괴하는 방식으로 요격하기 때문에 안보적으로 필요하며 대량살상을 막을 수 있게 한다.

사드는 북한이 개발하는 노동 미사일, 스커드 미사일, 무수단 미사일 등을 방어할 수 있는 최신 방어 무기이다. 미국은 사드를 개발하는 데 약 30년 정도 소요되었다. 최초 미국 육군이 시범사업으로 제안한

---

https://history.state.gov/milestones/1989-1992/gulf-war

2) U.S Government Accountability Office(GAO), "Missile Defense: Ballistic Missile Defense System Testing Delays Affect Delivery of Capabilities", Washington D.C, 2016, GAO-16-339R Ballistic Missile Defense.

1987년부터 거슬러 올라가면 그 정도의 기간으로 잡을 수 있다. 사드
는 세계 1위의 군사기술을 갖춘 미국이 약 30년 정도 걸려서 성공적
으로 만든 무기이다.[3]

국제정치 현실주의의 관점에서 투키디데스는 펠로폰네소스전쟁사
를 통하여 인간의 본성이 악하고 이기적이며 공격적이라고 지적하였
다.[4] 니콜로 마키아벨리는 군주론을 통하여 인간의 이기적인 본성에
대하여 지적한다. 인간은 언제든지 배신할 수 있고 자신의 이익을 추
구하기 때문에 군주는 힘에 의지하여야 하고 지혜도 갖추어야 한다고
하였다.[5] 한스 모겐소는 인간의 본성이 악하고 권력을 투쟁하려는 욕
망으로 인하여 국가도 생존을 하고자 권력을 얻으려는 행동을 한다고
분석한다.[6]

사드와 관련한 한국에서 발생한 일을 되돌이켜 보면 이러한 인간의
이기적이고 사악한 모습은 명백하게 잘 드러난다. 한국은 북한의 4차
핵실험 이후 이에 대한 방어력을 갖추는 것이 필요하였다. 박근혜 정
부는 북한의 핵실험과 관련하여 중국의 외교적인 중재나 도움을 기대
하였지만 중국의 실질적인 도움은 없었다. 한국은 방어적인 공백을
채우고자 주한미군에 사드를 1기 들여오는 결정을 내렸다. 한국의 안
보적인 위협으로 인하여 배치한 것임에도 불구하고 인간의 사악한 모

---

3) 양혜원, "한국과 일본의 사드 배치 과정 비교에 관한 연구", 사회융합연구 제4권 제6호,
   (2020), pp.152-154에서 재인용.
4) Thucydidies, *The History of the Peloponnesian War*, (Penguin Books, 1954).
5) Niccolo Machiavelli, *The Prince: Strategy of Niccolo Machiavelli*, (Createspace
   Independent Publishing Platform, 2017).
6) Hans J Morgenthau, *Politics Among Nations*, (New York: Alfred A. Knopf, 1948).

습과 국가들의 생존을 위한 투쟁의 모습은 사드 사례에서 명백하게 드러났다. 한국 군에 들여오거나 구입한 것도 아니고 주한미군에 배치한 사드 1기로 인하여 한국은 중국으로부터 가혹할 정도의 보복을 받았으며 내정간섭을 받았다. 현실에서 일어나는 이러한 모습은 국제정치에서 현실주의 이론이 여전히 의미가 있고 작용한다는 점을 알 수 있게 한다.

한국은 잘못한 점이 하나도 없는 데도 불구하고 중국의 보복을 받았다는 점에서 냉혹한 국제정치의 본질을 들여다볼 수 있는 가장 좋은 사례가 한국의 사드 사례라고 할 수 있다.

사드와 관련하여 기존 연구를 살펴보면 다음과 같다. 사드를 배치하는 것이 안보적인 측면에서 방어력을 높이기 때문에 필요하다는 연구가 있다. 현인택(2020)은 사드는 PAC-2와 PAC-3로 방어하기 어려운 고도를 사드를 통하여 방어하게 되면 다층방어를 구축할 수 있기 때문에 방어력 향상에 도움이 된다고 분석하였다.[7] Gordon R. Mitchell(2000)은 사드가 탄두를 정확하게 명중시키는 기술에 있어서 어려움이 있기는 하지만 기술이 발전하면 보완될 수 있고 향후 사드의 방어력은 올라갈 수 있다고 보았다.[8]

Andrew Futter(2013)는 사드는 탄도 미사일을 요격하는 무기로

---

7) 현인택, 「헤게모니의 미래」 (서울: 고려대학교출판문화원, 2020), pp.283-284.
8) Gordon R. Mitchell, "Whose shoe fits best? Dubious physics and power politics in the TMD footprint controversy, *Science Technology, & Human Values* Vol.25 No.1, (2000), pp.61-69.

서 방어력을 높이는 데 효과가 있고 전략적인 이점을 갖게 한다고 분석하였다. 사드는 군사적으로 도움이 되며 테러 등의 위협에 대응하기 위하여 사드를 개발하는 것이 중요하다고 지적하였다.9) Bruce Klingner(2015)는 사드는 다층 방어를 제공하고 핵공격처럼 위험한 상황에서 안보를 확보할 수 있도록 하는 무기라고 보았다. 사드는 방어력을 높이는 무기로서 미사일을 요격하는 능력이 뛰어나다고 지적하였다.10) Michael J. Green Zack Cooper and Kathleen H. Hicks(2014)는 사드는 한국이 탄도미사일을 방어하는 데 도움이 되며 요격 능력의 측면에서 우수한 무기라고 보았다. 사드를 배치하게 되면 다층적으로 방어를 할 수 있고 위협에 대처할 수 있다고 지적하였다.11)

Jaganath Sankaran(2017)은 한국이 북한의 핵무기와 탄도 미사일 위협에 대응하기 위해서 방어력을 갖춘 무기가 필요하게 되었고 사드의 경우에 그러한 방어력을 제공한다고 보았다. 사드의 기술적인 능력에도 불구하고 한국은 지리적으로 가까운 중국과의 마찰을 피하기 위하여 전략적인 모호성을 나타내는 모습을 보였다고 지적하였다.12)

---

9) Andrew Futter, *Ballistic Missile Defence and US National Security Policy*, (NY: Routledge, 2013), pp.102-103.
10) Bruce Klingner, *South Korea needs THAAD Missile Defense*, (The Heritage Foundation, 2015). pp.1-2.
11) Michael J. Green Zack Cooper and Kathleen H. Hicks, *Federated Defense in Asia*, (Center for Strategic and International Studies, 2014), pp.22-23.
12) Jaganath Sankaran, "Missile defense and strategic stability: Terminal High Altitude Area Defense (THAAD) in South Korea", *Los Alamos National Laboratory* LA-UR-16-21377, (2017), pp.3-4.

Michael Elleman · Michael J. Zagurek, Jr.(2016)는 사드는 실질적으로 북한의 미사일 공격을 막을 수 있는 무기로서 방어력을 높이는데 뛰어나다고 지적하였다. 그러나 중국이 한국이 사드를 갖는 것을 반대하기 때문에 북한의 위협에 대응하기 위한다는 점을 강조할 필요가 있다고 지적하였다.13) Osamu Koike(2017)는 한국은 한미동맹을 바탕으로 하기도 하지만 동시에 한국 스스로의 방어 능력을 높이는 방법으로 안보를 지켜왔다고 지적하였다. 한국은 북한으로부터 핵무기와 미사일 위협을 받기 때문에 이러한 위협을 상쇄시킬 수 있는 사드와 같은 무기를 배치하는 것이 도움이 된다고 지적하였다. 사드는 40-150km를 방어할 수 있기 때문에 방어력을 다층적으로 구축한다는 측면에서도 의미가 있다고 지적하였다.14)

사드와 관련하여 한국이 중국에 대하여 보복을 받지 않기 위하여 애매모호한 태도를 오랜 기간 유지하였다는 점을 지적한 연구가 있다. Kyung-young Chung(2015)는 한국은 사드와 관련하여 오랜 기간동안 3NO(No Official Request from the U.S, No Consultation, No Decision)의 입장을 고수하였는데 가장 큰 이유는 중국과 지리적으로 인접하고 있고 중국이 사드 배치를 반대한다는 점 때문이라고 지적하였다. 한국은 북한의 핵무기와 미사일 위협으로 인하여 사드와 같은 무기가 필요하였지만 이를 배치하게 되면 중국의 반

---

13) Michael Elleman · Michael J. Zagurek, Jr, "THAAD: What It Can and Can't Do", A *38 North Special Report*, March 10 2016, pp.10-11.

14) Osamu Koike, "Deployment of the THAAD System to South Korea—Background and Issues", *The National Institute for Defense Studies* No.58, (2017), pp.1-2.

발을 사고 외교적, 경제적으로 보복당하는 것을 예측하였기 때문에 애매모호한 태도를 유지하였다고 보았다.15)

Michael D. Swaine (2017)은 중국이 한국이 사드를 배치하는 것을 반대한 이유는 아시아 지역에서 군비증강이 되는 것을 두려워하고 중국과 미국이 대치하는 신냉전 구도가 형성되는 것을 위협적이라고 느꼈기 때문이라고 분석하였다. 한국 정부의 경우에도 이러한 중국의 시각에 대하여 잘 인식하고 있었고 이로 인하여 한국이 사드를 배치한다는 결정을 쉽게 내리지 못하고 애매한 태도를 오랜 기간 유지하였다고 지적하였다.16)

사드와 관련하여 한국이 중국으로부터 경제적, 외교적, 문화적인 보복 등의 어려움을 겪은 것에 대하여 분석한 연구는 다음과 같다. 김태효(2019)는 중국이 사드와 관련하여 한국에게 취한 경제적인 제재는 부당한 조치였다고 분석하였다.17) 유성훈(2023)은 중국이 자동차 산업, 화장품, 식품, 유통업계 뿐만 아니라 한류문화와 연예인의 활동에 대해서도 제재하는 등 사드 관련하여 압박을 주는 모습이 전반적으로 나타났다고 지적하였다.18) 임성훈(2023)은 사드 문제가 숙박업

---

15) Kyung-young Chung, "Debate on THAAD Deployment and ROK National Security", *Institute of Foreign & Security Policy on East Asia EAI Working Paper* October (2015), pp.3-4.

16) Michael D. Swaine, "Chinese Views on South Korea's Deployment of THAAD", *Carnegie Endowment for International Peace*, February 02 2017, pp.1-6.

17) 김태효, 「그들은 왜 정답이 있어도 논쟁 하는가」, (서울: 성균관대학교 출판부, 2019), pp.199-200.

18) 유성훈, "경제제재는 대상국 여론에 어떠한 영향을 미치는가 사드 배치를 둘러싼 중국의 대한국 경제제재 사례를 중심으로", 아세아연구 제66권 제1호, (2023), pp.146-147.

이나 관광산업에까지 파급효과를 미쳐서 한국에게 부정적인 영향을 주었다고 보았다.[19] 김동훈·김법헌(2023)은 사드 배치 지역을 결정할 때 지역 주민들과의 갈등 해소 부분에서 아쉬운 점이 존재하였다고 지적하였다. 어떤 지역을 결정할 지와 부지를 선정하고 협의하는 부분에서 문제 해결을 위한 노력을 좀 더 하는 것과 소통이 강화되는 것이 선제적으로 이루어졌다면 사회적으로 혼란을 겪는 것을 줄이고 갈등을 약화시키는 모습이 나타났을 것이라고 지적하였다.[20]

Jung H. Pak(2020)은 한국이 사드를 배치하는 것과 관련하여 중국은 외교적으로 한국의 정책을 비난하면서 경제적인 측면에서 보복을 하였다고 지적하였다. 중국은 한국이 북한의 위협을 느낀다는 점에 대하여 알면서도 북한에 대하여 강한 압박을 하지 않았고 오히려 사드를 배치하였다면서 한국 정부를 비난하는 모습과 강하게 압박하는 모습을 보였다고 지적하였다.[21] Ethan Meick·Nargiza Salidjanova(2017)는 한국이 사드를 배치하겠다는 결정을 내리자 중국이 경제적인 부분에서 강압하고 한국에 대하여 보복하는 정책을 사용하였다고 지적하였다. 중국은 롯데마트와 같은 롯데그룹을 비롯하여 한국 기업에 대하여 강한 제재를 하였고 한국산 제품에 대해서도 불매하는 모습을 보였다고 지적하였다. 이러한 점은 중국의 소비자들

---

19) 임성훈, "사드사태가 면세점의 중국 소비자 구매행동에 미치는 영향: 면세점 마케팅믹스와 구매의도 간 사드사태의 매개효과 실증분석", 관세학회지 제24권 1호, (2023), p.63.
20) 김동훈·김법헌, "언론 보도 및 사회적 인식과 군 대응에 관한 연구: 사드(THAAD) 배치를 중심으로", 인문사회과학 연구 제31권 제1호, (2023), p.101.
21) Jung H. Pak, "Trying to Loosen The Linchpin: China's Approach to South Kprea", *Brookings Research report* July 2020, pp.1-8.

에게도 영향을 미쳐서 한국이 생산하는 차, 물건 등을 구입하지 못하도록 하는 모습이 나타났다고 지적하였다.22)

앞선 논의들과는 상반되는 연구도 존재하였다. 사드와 관련하여 기술적인 문제가 있고 안보적인 측면에서 도움이 되지 않는다면서 반대를 표하는 연구도 있다. Zhao Tong(2018)은 사드가 기술적으로 완전하지 않고 한국이 사드를 배치하게 되면 중국과 미국이 대치되는 구도가 형성되기 때문에 좋지 못하다고 분석하였다. 그러면서도 중국과 한국이 사드를 바라보는 인식의 차이가 존재하였으며 이러한 차이로 인하여 사드가 배치되었는데 장기적으로 보았을 때에는 중국이 군사력을 더 강화시킬 수 있는 계기가 되었다고 보았다. 중국에게 한국의 사드 배치는 안보적으로 위협이 되고 불편한 요소가 있지만 중국은 더 강하게 군사력을 올릴 것이라고 보았다.23)

Ahmad Fatih Muharram Muhammad Aryabima Pratama Son Adillah Patra (2023)은 중국이 한국이 사드를 배치하는 것을 불편하게 여기고 있으며 사드가 실질적으로 안보적인 도움이 되지 않는다고 여겼다고 지적하였다. 사드는 전략적인 영역에 속하고 한국에 사드를 배치하는 것은 중국이 생각하는 균형을 깨뜨리기 때문에 반대하였다고 보았다.24) Wu Riqiang(2016)은 사드를 한국에 배치하는

---

22) Ethan Meick Nargiza Salidjanova, "China's Response to U.S.-South Korean Missile Defense System Deployment and its Implications", *U.S.-China Economic and Security Review Commission*, July 26 2017, pp.7-8.

23) Zhao Tong, "The Perception Gap in the THAAD Dispute - Causes and Solutions", *Carnegie Endowment for International Peace China International Strategy Review* November 22, (2018), pp.385-387.

것으로 인하여 한국은 한국과는 직접적인 관련이 없는 미국과 중국 간의 경쟁 구도에 연관되게 되었고 사드가 대표적인 상징이 되었다고 지적하였다. 중국은 사드를 한국에 배치하는 것이 중국에 대하여 경고를 하거나 미국이 중국을 견제하고자 하는 시각을 보인 것이라고 생각하여 불안함을 느낀다고 지적하였다.[25]

Pike J·Corbin M(1995)는 사드는 패트리어트로 막지 못하는 미사일 공격에서 방어력을 높이기 위하여 사드를 개발하였는데 기술적인 측면에서 다소 부족한 부분이 존재하고 완전무결한 무기는 아니라고 지적하였다. 사드는 기술적인 부분에서 보다 발전될 필요가 있다고 보았다.[26]

Postol, T. A·Lewis, G(2016)는 사드가 40-150km를 방어하는 용도로 만들어졌기 때문에 그 보다 낮거나 높은 고도의 경우에는 방어하기 어려운 측면으로 인하여 제한적인 방어가 가능한 무기라고 지적하였다. 또 레이더가 대부분 미사일을 탐지하고 요격하도록 고안되었지만 마하의 속도와 같이 아주 빠른 미사일에 대해서도 방어력을 갖추는 것은 기술적으로 어려운 부분이 존재한다고 지적하였다.[27]

---

24) Ahmad Fatih Muharram Muhammad Aryabima Pratama Son Adillah Patra, "Respon China Terhadap Kebijakan Penempatan Sistem Terminal High Altitude Area Defence Korea Selatan", *Frequency of International Relations* Vol 5 No.1, pp.77-78.

25) Wu Riqiang, "South Korea's THAAD: Impact on China's Nuclear Deterrent", *RSIS Commentary* No. 192 - 27 July 2016, pp.1-3.

26) Pike, J·Corbin, M, "Taking aim at the ABM treaty: THAAD and U.S. security", *Arms Control Today*. Vol. 25 No.4, (1995), pp.7-8.

27) Postol, T. A. & Lewis, G. N. (2016). "The illusion of missile defense why THAAD will not protect South Korea", *Global Asia* Vol.11 No.3, (2016),

사드와 관련하여 잘못 알려진 정보로 인하여 혼란을 빚은 부분을 개선하는 것이 필요하다는 연구가 있다. 박휘락(2017)은 사드와 관련하여 잘못된 루머와 확증편향의 부작용이 있었던 점에 대하여 심각하게 생각하고 보완책을 만들 필요가 있다고 지적하였다. 사드에 대하여 정확한 정보를 공개하는 것이 중요하고 정부 당국자가 사드에 대한 질의에 대하여 보다 명확하게 답변하고 설명해야 한다고 지적하였다.28) 임재형 · 김강민(2023)은 사드 배치와 관련하여 한국 사회의 이념 갈등으로 인하여 정보가 제대로 전달되기 보다는 각자 이념에 유리한 내용에 대하여 확대 재생산하면서 이념 갈등으로 번진 측면이 존재한다고 지적하였다.29) 손대권 · 안슬기(2017)는 사드 배치와 관련하여 북한에서 뉴스를 통하여 중국, 러시아의 반대 의견을 보다 강하게 보도하면서 사드에 대한 부정적인 인식을 퍼뜨리려고 하였다고 지적하였다. 북한은 한국 내에서 사드를 반대하는 여론에 대하여 지나치게 대대적인 보도를 하면서 사드 배치가 부당하다는 인식을 높였다고 지적하였다.30)

사드와 관련하여 중국이 강하게 한국을 압박하는 것에 대하여 분석한 연구가 있다. Tenny Kristiana(2021)는 중국이 한국이 사드를 배

---

pp.81-85.
28) 박휘락, "사드(THAAD) 배치를 둘러싼 논란에서의 루머와 확증편향", 전략연구 제68호, (2016), pp.29-30.
29) 임재형 · 김강민, "한국사회 이념갈등의 발생 원인과 해결방안: 사드 배치 갈등 사례를 중심으로", 한국동북아논총 제28권 제2호, (2023), pp.22-24.
30) 손대권 · 안슬기, "주한미군 사드(THAAD) 배치 결정에 대한 북한의 보도행태 및 전략적 함의: 『로동신문』과 『우리민족끼리』기사를 중심으로", 동아연구 제36권 1호, (2017), pp.82-85.

치하지 못하도록 강하게 압박하였다고 지적하였다. 중국이 외교적으로 강하게 발언하면서 한국에 대하여 사드를 배치하는 것은 중국과의 관계를 악화시킬 뿐만 아니라 한국이 지역의 안보와 안정을 불안정하게 만드는 것이라고 압박하였다고 분석하였다. 중국은 한국이 사드를 배치하는 결정을 내리자 문화적으로 한국의 연예인 등을 출연하지 못하게 하거나 드라마나 영화를 상영하지 못하게 금지하였다고 보았다. 또한 중국은 한국에 대하여 관광과 관련한 산업과 무역을 함에 있어서 제재를 가하였고 이로 인하여 한국의 GDP가 타격을 받을 정도로 영향을 주었다고 지적하였다.[31]

본 연구는 기존의 국제정치에서 분석한 연구에서 주의를 기울이지 않았던 부분인 중국이 러시아판 사드인 S-400을 2년 먼저 구입하고도 한국에 대하여 보복을 가하였다는 점에 집중하여 연구하였다. 기존의 연구를 살펴보면 사드에 대하여 다양한 시각에서 분석하였지만 중국이 러시아판 사드인 S-400을 먼저 구입하고 배치를 조기에 서둘러서 하는 것에 대해서는 주의를 기울인 연구가 없었다. 본 연구는 군사적인 사실에 해당하는 점에 대하여 면밀하게 분석함으로써 사드와 관련하여 한국이 잘못한 점이 하나도 없다는 것에 대하여 이야기하고자 한다.

---

31) Tenny Kristiana, "China's Carrot and Stick Game on Terminal High Altitude Area Defense (THAAD) System Deployment", *Studies on Asia* Vol. 6, Issue 1, (2021), pp.66-68.

Chapter

03

한국의 사드 배치 결정 과정 분석

제3장

한국의 사드 배치 결정 과정 분석

　한국에서 사드는 민감한 주제로 여겨진다. 사드와 관련하여 입장 표명을 세게하기 보다는 애매모호하거나 입장을 나타내지 않는 모습을 보이는 쪽이 더 많다. 사드와 관련하여 이야기할 때에는 무엇인가 중국으로부터의 압박을 받았던 기억과 군사적으로 잘못된 정보를 인식하였던 경험 등으로 인하여 사드에 대해서는 쉽게 이야기하지 못하는 분위기가 존재한다. 그나마 조금 사드에 대하여 안다는 사람들의 경우에도 중국과 무역을 많이 하고 있고 경제적인 이익을 얻으려면 사드에 대해서 부각되지 않도록 하는 것이 좋겠다는 의견을 낸다. 또는 중국과 지리적으로 가깝기 때문에 충돌을 하지 않는 것이 좋겠다는 의견도 존재한다. 일부는 6.25전쟁에서 중국이 한국을 공격하였던 국가이기도 하고 가깝게 위치한 국가와 분쟁을 해서 좋을 것이 없다는 의견도 있다. 이러한 의견들이 틀렸다는 것은 아니다. 이 의견들은 한국이 부당하게 공격받거나 보복받지 않았으면 하는 마음이 깃들어 있다. 사드에 대해서 전문적으로 알지 못하는 사람들도 많다. 뉴스에서 보았던 잘못된 시각이었던 성주 참외에서 레이저가 나올지도 모른다고 걱정하는 사람이 여전히 존재하며 사드를 배치했기 때문에 한국이 무엇인가 외교적으로 잘못한 것은 아닐지 우려하는 사람도 있다. 사드와 관련하여 중국인 관광객 큰 손들이 줄었고 이러한 여파가 사라지지 않았다면서 사드라는 말을 꺼내는 자체를 부담스러워하거나 금기시하는 사람도 존재한다. 이렇게 사드와 관련하여 우왕좌왕하거나 혼란스러운 정보가 많았던 이유는 한국이 사드를 배치하기 전에 3NO(No Official Request from the U.S, No Consultation, No Decision)의 입장을 보여왔기 때문이다. 사드와 관련하여 박근혜 정부는 입장을 명확하게 나타내지 않고 중국과의 외교 관계를 고려하여 애매한 태도를 보였다. 사드 배치와 관련하여 미국이 배치를 공식적으로 요청한 적이 없고 배치 협의를 하지 않았으며 사드 배치에 대한 결정을 내린바는 없다는 3NO 입장을 오랜 기간 유지하였다. 이로 인하여 국민들이 사드에 대하여 정확한 정보를 이해하고 왜 배치가 필요한 지에 대하여 납득하는 시간이 물리적으로 부족하였다. 이는 박근혜 정부가 북한의 핵문제와 관련하여 중국의 협조를 얻고 이를 통하여 북한의 행동 변화를 이끄는 것을 기대한 것과 연관이 깊다. 북핵문제가 없었고 6자회담과 같은 국제적인 협상 테이블로 북한을 끌어내서 비핵화시키고자 하려는 외교적인 신중함은 존재하였으나 지나치게 신중하고 입장 표명이 늦었던 까닭에 오히려 혼란이 가중되는 모습이 나타났다. 한국의 사드 배치는 단기간에 결정되고 이루어졌다는 점에서 특징이 있다고 분석된다.

2014년 6월 3일 커티스 스캐퍼로티 한미연합사령관은 한국국방연구원(KIDA)에서 열린 국방포럼의 조찬 강연에서 사드를 한국에 전개하는 것을 요청하였다는 말을 하였다. 2014년 6월 5일에는 미국 국방부에서 한국 정부가 사드 관련한 정보를 요청하였다는 발언을 한다. 이후 박근혜 정부는 사드와 관련한 명확한 입장을 보이지 않았다. 2015년 2월 4일에 창완취안(常萬全) 당시 중국 국방부장이 사드와 관련하여 우려가 된다는 발언을 한중 국방장관 회담에서 하게 된다. 2015년 3월 9일 한국 국방부는 사드를 구매하겠다는 계획이 없고 한국형 미사일방어체계(KAMD: Korea Air and Missile Defense)를 구축할 것이고 독자적인 방어를 통하여 대응하겠다는 입장을 나타냈다. 2015년 3월 11일에 청와대는 사드와 관련하여 3NO입장이라는 점을 다시 확인시켜 주었다. 2015년 4월 10일 애슈턴 카터 미국 국방부 장관이 사드 배치를 논의하는 단계가 아니라고 한미 국방장관 회담에서 이야기한다. 그러나 일주일 후에 이러한 이야기와 정반대되는 이야기가 미국 상원 청문회에서 등장하게 된다.

2015년 4월 17일 미국 태평양 사령관이 한국에 사드 포대 배치 논의가 진행중이라고 미국 상원 청문회에서 밝힌 것이다. 완전하게 다른 이야기가 일주일 사이에 보도되면서 이를 받아들이거나 지켜보는 입장에서는 어느 쪽이 진실인지에 대하여 의구심을 갖게 되었다.

2015년 5월 21일 한국 국방부는 미국 측에서 요청한다면 사드 배치를 협의할 것이라는 점을 이야기하였다. 2015년 4월 17일을 전후로 하여 사드배치를 논의하겠다는 점에 대하여 미국, 한국 양측에서 의견을 같이 하는 모습이 나타났다.

2015년 5월 31일 중국의 쑨젠궈(孫建國) 군 부총참모장은 사드 배치를 우려한다고 한민구 국방부장관에게 양자회담을 통하여 발언하였다.

2015년 10월 30일 미국의 록히드마틴 방산업체가 한국과 미국 간에 사드 배치를 공식적이거나 비공식적인 방법으로 논의를 진행하고 있다고 발언하였다. 록히드마틴은 사드를 제작한 방산업체이다. 그러나 단 하루만에 이러한 입장이 번복되는 일이 있었다. 2015년 10월 31일 미국의 록히드마틴은 한국과 미국 정부간에 사드 배치 관련 논의는 알지 못한다고 말을 한 것이다.

사드와 관련한 이야기가 급물살을 탄 것은 2016년 1월 6일 북한이 4차 핵실험을 한 이후이다. 북한이 4차 핵실험을 한 지 약 일주일 뒤인 2016년 1월 13일에 박근혜 대통령은 신년 대국민 담화 및 기자회견을 통하여 북한의 핵위협으로 인하여 한국은 안보와 국익을 따라 사드 배치를 검토한다고 이야기하였다. 박근혜 대통령이 공식적으로 입장을 밝힌 시점이라고 할 수 있다.

그 이전에 3NO의 입장을 나타냈던 것과 다르게 사드 배치를 검토한다는 점을 명확하게 하였다는 점에서 변화가 있었다. 2016년 1월

25일 한민구 국방부 장관은 한국이 군사적인 관점에서 사드 배치를 검토하고 있고 필요성을 느끼고 있다고 이야기하였다. 2016년 2월 7일 북한이 장거리 미사일을 발사한 직후에 한국과 미국은 사드를 배치하는 것을 공식적으로 협의한다고 결정에 대하여 발표하게 된다. 그러자 2016년 2월 9일에 러시아는 한국 대사를 통하여 사드가 한국에 배치되는 것에 대하여 우려의 목소리를 전하였다. 또 2016년 2월 11일 중국의 왕이(王毅) 외교부장은 윤병세 외교부 장관에게 사드 배치를 하는 것과 관련하여 중국이 불편하게 느낀다는 점을 뮌헨 안보회의에서 전하게 된다. 2016년 2월 15일 중국 외교부는 사드를 한국에 배치하는 것에 대하여 결연하게 반대한다는 입장을 밝혔다. 2016년 2월 22일 한국 국방부는 사드와 관련하여 공동 실무단을 구성하고 운영에 대한 협의를 하고 있다고 발표하였다. 2016년 2월 23일 한미 공동 실무단을 구성하고 운영하는 것과 관련하여 약정 체결을 갑작스럽게 연기하는 일이 있었다. 2016년 2월 24일 미국 존 케리 국무장관의 경우에는 중국의 왕이 외교부장과 만나서 한국은 북한의 핵위협과 미사일 위협으로 인하여 사드를 검토하고 있고 북한이 비핵화된다면 사드가 필요없다고 이야기하게 된다. 미국과 중국이 사드와 관련한 의견을 표명하는 부분이 일정한 태도로 지속적으로 나타나고 있음을 확인할 수 있다.

2016년 3월 4일 한미공동실무단이 사드 배치를 논의하겠다면서 약정을 체결하고 공식적으로 출범하게 된다. 2016년 3월 11일에는 중국과 러시아의 외무부 장관이 모여서 사드를 한반도에 배치하는 것은 중국과 러시아의 안전을 위협하는 것이라고 의견을 모으게 된다. 2016년 3월 22일 미국 애슈턴 카터 국방부 장관은 한국과 미국이 사드를 배치한다는 점을 원칙적으로 합의한다는 점을 논의중에 있다고 밝혔다. 2016년 3월 31일 중국의 시진핑(習近平) 주석은 사드를 한국에 배치하는 것을 단호하게 반대한다고 미중 정상회담에서 밝히게 된다. 그러나 이러한 중국, 러시아의 반대는 받아들여지지 않았다.

한국은 북한의 핵무기와 탄도 미사일 위협을 상시적으로 받는 입장에 놓여 있고 패트리어트를 제외하고 현실적으로 사드와 같은 무기를 보유하고 있지 않은 상황이었기 때문에 안보 공백을 그대로 둘 수 있는 상황이 아니었다. 한국은 자국의 안보를 위하여 사드를 배치하는 것이 필요하다는 결정을 내렸다. 이는 한국의 탓이 아니다. 정확하게는 북한이 국제사회의 협상에 응하지 않고 핵무기를 계속해서 개발한 것이 근본적인 원인이라고 할 수 있다.

2016년 7월 8일 한국과 미국은 사드를 배치하겠다는 결정을 내렸다고 공식 발표하였다. 하루 뒤인 2016년 7월 9일 북한이 동해에서 잠수함발사탄도미사일(SLBM: Submarine Launched Ballistic Missile) 1발을 발사하는 도발을 하였다. 북한은 사드 배치 결정에 대하여 강한 불만을 표출하였다. 2016년 7월 11일 북한의 외무성 대변인은 사드를 배치하는 것은 주변국을 직접적으로 겨냥한 것이 자명하다고 하였고 북한의 포병국은 사드 배치 위치가 확정되는 시간부터 북한이 물리적인 대응 조치를 하겠다고 위협하였다. 2016년 7월 12일 황교안 국무총리는 사드 배치가 국회에서 비준 동의를 필요로 하는 사안이 아니라고 발언하였다. 2016년 7월 13일 국방부는 경부 성주 성산리에 사드 배치를 하겠다는 부지 결정 발표를 공식적으로 하게 된다. 갑작스러운 부지 결정에 대하여 성주 주민들이 반발하게 되자 2016년 7월 15일 황교안 국무총리는 성주를 찾아가 주민설명회에서 사과를 하였고 주민들과 대치하는 상황이 발생하기도 하였다. 납득하지 못한 성주의 주민들이 황교안 국무총리에게 계란과 물병을 던졌고 황교안 국무총리가 탄 미니 버스 앞에 주민들이 둘러싸서 3시간 이상 움직이지 못하는 모습이 나타났다. 당시에 일부 성주 주민은 트랙터를 몰고 와서 황교안 국무총리가 나가지 못하도록 막아서기도 하였다. 성주 주민들이 갑작스러운 발표에 대하여 놀라고 당황하였음을 보여주는 모습이라고 분석할 수 있다. 2016년 7월 21일에는 성주 투쟁위원회가 서울역에서 사드 배치를 반대한다면서 집회를 하기도 하였다. 주민들의 반대와 대치가 격화되자 2016년 8월 4일 박근혜 대통령은 성주 내에 다른 지역에 사드를 배치하는 것을 검토한다고 밝혔다. 약 10일 후인 2016년 8월 14일 한국 국방부는 현장 답사를 시작하였고 사드를 배치할 다른 부지로 롯데가 소유한 성주골프장 등을 후보지로 거론하게 된다. 주민들의 사드 반대 집회는 이어져갔고 2016년 8월 16일 한민구 국방부 장관이 사드 배치를 철회하라는 투쟁위원회 간담회에서 제3의 후보지에 대하여서도 거론하는 발언을 하게 된다. 2016년 8월 21일 성주 투쟁위원회는 사드 배치를 제3의 후보지에 하는 것을 검토하라는 건의를 의결하였다고 밝혔다. 2016년 8월 22일 김항곤 당시 성주 군수는 성산포대를 빼고 제3의 장소를 결정하길 바란다는 요청을 전달하였다. 2016년 8월 29일 한미공동실무단은 사드 부지로 성주포대를 제외한 제3의 부지로 성주골프장, 까치산, 염속봉산을 현장 실사하였다. 약 한 달 뒤인 2016년 9월 30일 국방부는 사드 배치 부지로 롯데의 성주골프장을 정하였다는 발표를 하였다.

2016년 11월 4일 빈센트 브룩스 한미연합사령관이 약 8-10개월 이내에 사드를 전개하겠다고 밝혔다. 2016년 11월 16일 국방부는 롯데가 소유한 성주골프장과 남양주에 위치한 군용지를 맞교환하겠다는 점에 합의하게 된다. 2016년 12월 30일 국방부는 롯데와 사드 부지에 대하여 감정평가를 완료하게 된다. 사드 부지가 현실화되는 가운데 2017년 2월 12일 북한은 평안북도 방현 인근에서 중장거리 탄도미사일(IRBM: Intermediate Range Ballistic Missile)인 북극성 2형을 동해상으로 발사하였다. 2017년 2월 19일 중국의 환구시보는 중국에서 롯데그룹이 사업을 하는 데 큰 영향이 있을 것이라고 보도하였다. 롯데가 사드 부지에 협조한 점을 겨냥한 것이라고 할 수 있다.

2017년 2월 27일 롯데상사 이사회에서 사드 부지로 성주골프장을 제공하는 것을 승인하였고 2017년 2월 28일 롯데그룹과 국방부는 사드 부지를 교환하겠다는 계약을 맺었다. 2017년 3월 1일 한민구 국방부 장관은 미국의 제임스 매티스 국방부 장관과 전화로 사드를 조속하게 작전 운용하겠다는 데 합의하였다. 2017년 3월 6일 북한은 평안북도 동창리 인근에서 중거리 미사일 스커드-ER(Extended Range, 사거리 연장형)로 추정되는 4발의 미사일을 발사하는 도발을 하였다. 같은 날인 2017년 3월 6일 미군이 C-17 수송기를 통하여 사드 발사대 2기가 오산기지에 도착하였다.

한국의 사드 배치가 진행되는 가운데 중국의 경제적, 외교적, 문화적 보복 등이 강하게 나타났다. 중국 내에 있는 롯데마트는 폐업을 하기도 하였다. 롯데가 사드 부지를 제공했다는 점에 분개한 중국은 소방점검과 같은 부분을 문제로 삼아서 영업정지 처분을 내리기도 하였고 과격한 시위가 롯데마트 인근에서 벌어지는 일도 빈번하게 발생하였다. 한국 산 제품을 쌓아놓고 태우거나 던져서 망가뜨리는 중국인들도 나타났다. 중국에 거주하는 한국인에 대하여 직접적, 간접적인 위협을 하는 중국인도 존재하였고 한국산 배터리가 사용되는 전기 자동차에는 중국이 보조금을 지급하지 않겠다는 결정을 내리는 모습도 나타났다. 한국 연예인이 출연하는 것을 금지하거나 한국 드라마, 영화가 방영되는 것도 취소되는 일이 흔하게 나타났다. 한국산 화장품에 대하여 수입을 제한하거나 통관 심사를 강화하는 모습이 나타났다. 한국에서 생산한 화학제품에 대하여 반덤핑 조사도 이루어지게 되었고 한국 크루즈선에 대해서 운항을 못하게 하거나 전세기 운항을 허락하지 않는 등의 보복조치가 잇따랐다. 중국은 분야를 막론하고 사드를 배치한 한국에 대하여 강하게 보복하는 조치를 취하였고 이러한 조치는 정책으로 뒷받침되면서 한국인에 대한 감정을 나쁘게 만드는 것을 정당화시키는 듯한 모습이 나타났다.[32]

---

32) 양혜원, "한국과 일본의 사드 배치 과정 비교에 관한 연구", 사회융합연구 제4권 제6호, (2020), p.152, pp.155-157에서 재인용.

중국의 사드 보복이 강하게 나타나자 2017년 3월 17일 미국 렉스 틸러슨 국무부 장관이 중국이 사드 보복을 하는 것을 멈추는 것을 촉구한다고 방한한 기자회견에서 이야기하였다. 2017년 4월 10일 중국의 우다웨이(武大偉) 외교부 한반도 사무특별대표는 한국과 중국의 6자회담 수석 대표 협의 자리에서 중국이 사드를 배치하는 것을 반대한다는 점을 다시 밝혔다. 중국의 사드 보복은 계속되었다. 2017년 4월 19일 한국, 미국, 일본이 제3자 안보회의 (DTT: Defense Trilateral Talks)에서 북한의 핵위협으로부터 한국이 사드를 배치한 것이고 중국은 보복을 가하는 것을 멈춰야 한다고 촉구하였다. 2017년 4월 20일 한국과 미국은 주한미군지위협정(SOFA: Status of Forces Agreement)에 따라 사드 부지를 공여하는 절차를 마무리하였다고 밝혔다. 2017년 4월 26일 주한미군은 사드 발사대 2기 등의 장비를 성주 골프장에 반입하였다.

　이후 박근혜 대통령이 2016년 12월 9일 오후 4시 10분에 국회에서 탄핵소추안이 가결되고 2017년 3월 10일에 대통령직에서 파면되면서 다시 대통령 선거를 치르게 되었다. 이후에는 2017년 5월 9일 문재인 대통령이 당선되고 2017년 6월 7일에 국무총리실 주관으로 범정부 합동 TF를 출범시켜서 사드 기지 환경영향평가를 하게 된다. 2017년 8월 17일에는 사드 배치와 관련하여 제1회 지역 공개토론회를 열고자 하였지만 무산되었다. 2017년 8월 18일에는 환경부가 사드 기지에 대하여 소규모 환경영향평가서를 국방부가 보완할 것을 요청하였다. 2017년 9월 4일 환경부는 사드 기지 소규모 환경영향평가서에 조건부 동의한다는 결정을 내렸다. 2017년 9월 6일 국방부는 사드 발사대를 추가적으로 4기 더 반입하겠다는 점을 공식 발표하게 된다.[33] 2017년 9월 7일 오전 8시22분에는 발사대 4기가 추가로 반입되었고 발사대 6기로 구성하는 사드 1포대가 완성되게 된다.

2013년 출범한 박근혜 정부는 공식적으로는 2016년 1월 13일 박근혜 대통령이 2016년 1월 6일 북한의 4차 핵실험 이후에 사드를 배치하겠다는 것을 검토하겠다는 이야기를 할 때까지 약 3년 정도의 기간 동안에 3NO의 입장을 유지하였다. 박근혜 대통령은 북한 핵문제와 관련하여 중국의 협조를 얻고 불필요한 외교적인 마찰을 피하고자 하려는 전략이라고 볼 수 있겠지만 결과적으로 3NO를 오랜 기간 유지한 점은 한국 국민들을 혼란하게 하고 정보를 적시에 제공하지 못하는데 영향을 주었다. 3NO의 입장으로 애매모호하게 하였던 약 3년의 기간을 오히려 사드가 왜 필요한지에 대하여 국민들에게 알리고 납득을 시키면서 대화로 풀어가는 시간을 가졌다면 훨씬 더 좋았을 것이다. 그 이유에 대해서는 다음 장에 나오는 일본의 사드 배치 과정을 살펴보면서 후술하겠다. 박근혜 대통령은 사드 배치를 하겠다는 점을 결단하고 추진하였던 점에서 한국의 국익에 기여하였다. 그러나 그 과정이 조금 더 국민들에게 다가가고 정보를 보다 쉽게 전달하며 주민들과 대화와 소통을 하는 방향으로 갔더라면 하는 아쉬움이 존재한다.

---

33) 연합뉴스 2017년 9월 6일
   https://www.yna.co.kr/view/AKR20170906115500014?input=1195m

중국, 러시아, 북한이 한반도 사드 배치에 대하여 반대하는 표현을 하였지만 그 중에서 가장 사드 배치에 대하여 경제적, 외교적, 문화적 보복 등을 강하게 가한 국가는 중국이다.

사드 문제는 중국의 보복이 부당한 것이었으며 논리적으로도 일관성이 없다는 데 주목해야 한다. 원칙적으로 살펴보면 사드를 배치할지 말 지를 결정하는 것은 엄연하게 주권의 영역에 속한다. 한국의 경우에는 북한의 핵위협과 탄도 미사일 위협에 상시적으로 놓여 있다. 그 뿐만 아니라 사이버 공격, 남남갈등을 유발하는 발언 등으로 인하여 한국은 안보적, 사회적 위협을 받기도 한다.

군사적인 사실을 들여다 보면 첫째, 한국은 한국 군에 사드를 배치한 것이 아니다. 엄밀하게 살펴보면 주한미군 기지에 배치되었다. 한국 군에 배치한 것이 아닌 것이다. 둘째, 한국 군은 사드를 구매하지 않았다. 주한미군이 운용하는 비용을 냈다. 반면 중국은 러시아판 사드라고 할 수 있는 S-400을 러시아로부터 직접 구매하였다. 이 점은 핵심적인 군사적인 사안으로서 한국의 사드에 대하여 이야기할 자격이 없다는 증거가 된다.

사드는 방어용의 무기로서 미사일을 요격하는 역할을 하는 무기이다.

군사적인 무기를 이해하기 쉽게 설명하자면 휴대폰의 경우에는 삼성에서는 갤럭시를 생산하고 애플에서는 아이폰을 생산한다. 기종마다 약간의 성능과 차이가 존재하지만 휴대폰이라는 점에서 공통점이 있다고 볼 수 있다.

이를 사드라는 무기를 두고 설명하자면 미국에서 제작한 방어용 무기는 사드이다. 러시아에서 제작한 사드와 유사한 무기는 S-400 또는 S-500이다. 러시아는 현재 S-500을 운용하지만 중국의 경우에는 지난 10년 정도는 S-300을 운용한 경험이 있다. 한국에서 사드와 유사한 제품으로 개발하고 있는 무기는 L-SAM이다. 중국에서 사드와 유사하게 개발한 무기는 HQ-9으로 HQ는 붉은 깃발(紅旗)을 뜻하는 HongQi가 있다. 사거리와 요격 능력에 있어서 차이가 존재하지만 사드와 유사한 무기체계라고 볼 수 있다.

한국은 사드를 현재까지도 구매하지 않았지만 중국은 S-400을 구매완료하였다. 그것도 한국에게 사드 보복이 강하게 있었던 2016년과 2017년 사이보다 훨씬 앞선 2014년에 러시아로부터 S-400을 구입한 것이다. 중국이 S-400을 사는 것은 괜찮고 한국이 사드를 주한미군에 배치하는 것은 안된다는 것은 논리적으로 모순이다. 중국이 사는 것은 동아시아 안보를 위협하지 않고 한국이 주한미군에 배치하는 것은 동아시아 안보를 위협한다는 말 자체는 그 자체로 성립하기 어렵다.

중국은 오히려 거꾸로 이야기하면서 한국이 마치 무엇인가 큰 잘못을 저지른 것처럼 호도하였다. 그러나 명확하게 말해 사드와 관련한 한국의 잘못은 하나도 없다. 한국은 사드를 구매하지도 한국 군에 들여오지도 않았다. 현재까지도 말이다. 그런데 오히려 S-400을 30억

달러에 구매한 것이다. 한화로 약 3조 3,000억원에서 3조 9,993억원의 비용이 든 것이다. S-400은 지난 2007년 러시아에 실전 배치되었고 최대 400km를 방어한다. 또 30km이하의 저고도 미사일도 요격이 가능한 무기체계이다. 순항 미사일, 전술탄도탄 미사일뿐만 아니라 스텔스기까지도 탐지할 수 있는 레이더가 있다. 중국은 2018년 7월 S-400의 1차 인도분을 받았고 2018년 12월에 시험발사를 하는 것에 성공하였다. 중국은 2019년 7월 S-400의 2차 인도분을 기존 계약보다 앞당겨서 받도록 노력하였다. 중국은 한국이 단 한 기의 사드를 들여오는 것과 관련하여 강하게 보복하면서 마치 중국을 들여다본다는 듯이 문제삼았다. 그러나 S-400의 레이더는 약 700km를 탐지할 수 있고 산둥반도의 경우에 한반도와 300km의 거리이기 때문에 S-400을 배치하게 되면 한국에 있는 한국군의 움직임과 주한미군의 움직임을 훤히 들여다볼 수 있게 된다. 중국은 산둥반도와 백두산 일대에 S-400을 실전배치하였다.[34]

중국은 한국에 대하여 강하게 비난하였지만 한국은 정작 사드를 구매하지도 않고 비난을 받았고 중국은 오히려 S-400을 구매하고 한반도를 들여다보는 위치에 배치한 상황이다.

한국이야말로 사드 배치와 관련하여 죄없이 중국에게 매맞은 격에

---

34) SBS Biz 2019년 7월 26일
  https://biz.sbs.co.kr/article/10000949916
  연합뉴스 2020년 1월 27일
  https://www.yna.co.kr/view/AKR20200127060500080
  연합뉴스 2019년 7월 26일
  https://www.yna.co.kr/view/AKR20190726076500074

속한다고 볼 수 있다. 사드 배치에 대한 논의가 이루어지던 2016년과 2017년에 한국이 중국을 들여다본다면서 문제제기하였지만 오히려 반대로 중국이 300km의 거리인 산둥반도에 S-400을 배치한 사실을 통하여 중국이 한국과 주한미군 기지를 들여다보는 것을 확인할 수 있다. 이것이 실제의 군사적 사실이다.

한국은 중국을 들여다보지 않는데 가혹하게 비난받았고 오히려 비난한 중국은 300km 거리에 러시아판 사드 S-400이 있다. 이 얼마나 잘못 알려진 사실인가. 사드를 구입하지 않았던 한국은 동아시아의 균형을 깨지 않았다. 러시아판 사드 S-400 무기를 2년 전인 2014년 구매까지 한 국가는 중국인데 중국이 구매한 것은 동아시아의 균형을 깨지 않는 것이고, 한국이 구입하지도 않았는데 동아시아의 균형을 깼다라고 죄를 뒤집어 씌울 수는 없는 것이다.

셋째, 사드 배치는 주권의 영역에 속하기 때문에 한국이 사드를 구매하거나 배치하는 것은 한국 국민의 선택이며 자유이다. 박근혜 대통령은 선거에서 한국 국민을 대표하는 대의민주주의로 뽑힌 지도자로서 사드 배치 결단을 내렸다. 한국이 자국의 안보 위협을 줄이고 국민을 지키는 데 무기를 구입할지 배치할지는 주권에 속한 영역으로서 중국이 내정간섭을 해서는 안되는 사안에 속한다. 중국이 사드를 통하여 잘못없는 한국에 대하여 마치 심하게 죄를 지은 것처럼 비난하고 압박을 가하였지만 한국은 처음부터 끝까지 주권을 행사한 것이다. 사드 배치는 중국에게 허락을 받을 사안 자체가 아니다.

Chapter

04

일본의 사드 배치 결정
과정 분석

제4장

일본의 사드 배치 결정 과정 분석

    일본에 사드가 배치될 때 중국은 한국에게 비난을 하듯이 강하게 반발하지 않고 오히려 묵인하는 태도를 보였다. 한국과 일본에 배치된 사드 레이더의 기종은 AN/TPY2로서 같다. 일본의 경우에는 1986년 미국의 SDI에 참여한다는 점을 합의하고 미국의 미사일 방어에 들어간다는 점을 명확하게 하였다. 한국의 경우에 미국의 미사일 방어에 들어가는 결정을 전두환 정부에서 내렸지만 노태우 정부가 이를 번복하였고 이후에 김대중 정부에서 미국의 미사일 방어에 참여하지 않겠다고 결정내렸다. 이명박 정부 때 미국의 미사일 방어에 들어가는 것에 대하여 긍정적인 검토가 있었지만 이전 정부가 거부 결정을 내린 것을 바꾸기가 쉽지 않았다.

    일본은 명확하게 미국과 함께 한다는 점에 대하여 명시적으로 나타냈고 이에 대하여 중국은 일본의 결정을 존중하였다. 한국에게 하듯이 강하게 보복하는 모습은 나타나지 않았다.

이러한 사실은 역사와도 연결된다. 1937년 7월 7일부터 1945년 9월 2일에 일본이 항복을 하기 전까지 중일전쟁이 치러졌다. 중국은 일본에 대하여 역사적인 트라우마를 가지고 있으며 이로 인하여 일본에 대해서 민감하게 외교적으로 반응하면서도 공식적인 입장을 나타낼 때는 신중한 태도를 보였다. 중국의 왕이 외교 부장이 베이징제2외국어학원에서 일본어로 학사를 받고 난카이대학에서 경제학으로 석사르르 받고 외교학원에서 국제관계학으로 박사를 받은 점을 고려하면 중국이 중요하다고 생각하는 자리에 일본어를 잘하는 외교 부장을 둔 것도 일본에 대하여 민감하게 대응하고자 함을 일견 살펴볼 수 있다.

일본은 1998년에 북한의 대포동 1호 발사 이후에 미국과 TMD(Theater Missile Defense)구축을 하는 것을 가속화하였다. 한국과 다르게 일본은 미국과 안보적으로 긴밀하게 협력한다는 점을 명확하게 하여 중국이 끼어들거나 외교적으로 농간을 부리는 것을 원천 차단하였다.

일본의 경우에는 중일전쟁에서 중국 대륙과 중국인들을 공격하였던 역사적인 경험을 갖고 있고 상대적으로 한국보다는 중국과 지리적으로 먼 위치에 있기 때문에 일본의 안보적인 입장을 명확하게 하기 유리한 위치에 있었다고 볼 수 있다.

반면 한국은 6.25전쟁이 아직 끝나지 않았고 정전협정 문서도 유효

하며 북한의 핵무기와 탄도 미사일 위협은 가속화되고 있다. 초기에
는 북핵문제를 대화로 해결하고자 하다가 6자회담과 같은 국제적 조
정을 기대하였던 시기가 있었기 때문에 일본과 다른 배경을 지니고
있는 것은 사실이다.

그럼에도 불구하고 한국에게 사드와 관련하여 가해졌던 피해는 컸
지만 일본에 대해서는 이러한 보복 조치를 가하지 않았다는 점에서
그 원인을 분석하는 것은 중요하다.

일본은 사드 레이더 기지를 두 곳에서 운용한다. 2006년도에 배치
한 아오모리 현의 쓰가루시 샤리키 기지가 있고 2014년에 운영하는
교토 교탄고시 교가미사키 기지가 있다.

일본의 경우에는 2003년에 일본이 미국의 미사일 방어에 참여한다
는 점을 공식화하면서 사드 레이더 기지를 배치할 계획을 세운다.
2005년 9월에 사드 레이더 기지로 샤리키 지역이 유력하다는 보도가
있었다. 2005년 12월에는 일본의 방위청의 부장관이 현지에 방문하
여 사드 레이더 배치에 대하여 설명하였고 미국도 현지 조사를 하였
다. 2006년 2월 8일 일본의 아오모리현은 사드 레이더 전문가 검토
회를 설치하였고 2006년 3월 2일 아오모리현 전문가 검토회는 최종
보고서를 제출하게 된다. 2006년 3월 3일 일본 정부는 샤리키 기지
를 확정하였다고 발표하고 협조 요청을 하게 된다. 일본의 아오모리
현의 경우에는 5차례 주민을 대상으로 한 설명회가 열렸고 3차례 시
의회에서 하는 설명회가 열렸다. 또 아오모리현 차원에서 전문가 검

토회를 열어 정보를 전달하고자 하였다는 점에서 의미가 있다고 볼 수 있다. 설명회의 경우에도 미국과 일본의 입장을 알리고 주민을 설득하는 형태로 이루어졌다. 한국의 황교안 국무총리가 성주에서 계란과 물병을 맞거나 주민과 대화하려고 하였을 때 진행이 어려웠던 점을 고려할 때 상대적으로 일본이 주민과의 접촉 부분이 많았다고 볼 수 있다. 샤리키 기지의 소음은 80-90db정도가 측정이 된다.

일본 아오모리현 쓰가루시 샤리키 기지의 경우에 2008년 4월부터 기지 주변 지역의 주민들에게 건강검진을 매년 무료로 한다는 점도 눈여겨 볼 일이다. X밴드 레이더 전자파에 대한 주민들의 건강 피해에 대한 걱정을 해소하고 건강을 위한다는 이유에서이다.

일본의 교토 교탄고시 교가미사키 기지는 2012년 9월 미국과 일본의 국방부 장관이 사드 레이더 기지를 설치한다는데 합의하면서 2번째로 건설되게 된다. 2013년 3월 일본 방위성과 교토부는 주민설명회를 수차례 하였다. 2013년 4월 교탄고시의회가 사키리 기지를 시찰하게 된다. 2013년 9월에는 교토 도지사와 교탄고시장이 사드 배치를 승인한다는 발표를 하였다. 2013년 12월 일본이 미국에 대하여 토지를 제공한다는 데 합의하고 2014년 2월 일본 방위성은 환경영향평가를 실시한다. 2014년 5월 방위성은 기지 외곽에서 사드 레이더 소음을 측정하였는데 약50dB 안팎으로 나왔다. 2014년 7월 일본 방위성은 사드 레이더 기지의 주변 전자파를 측정하였다. 2014년 12월 26일에 주일미군이 AN/TPY2 레이더를 운영하기 시작하였다. 일본은 주민설명회를 통하여 12차례에 걸쳐서 정보를 전달하였기 때문에 사드 레이더의 전자파에 대하여 두려워하기 보다는 소음이 조금 더 크다라는 점에 대하여 지적하는 모습이 나타났다. 기지 외곽 기지 소음이 50dB을 넘는 70dB라는 의견이 나오면서 주변에 방음벽을 추가로 설치하게 된다.[35]

경북 성주에 위치한 사드 기지의 환경영향평가가 2017년 이후 6년 만인 2023년 완료되었다. 사드의 전자파는 인체 보호기준인 $10W/㎡$의 약 530분의 1에 해당하는 $0.018870W/㎡$가 측정 최댓값으로 나왔고 이는 0.189% 수준에 그친다고 볼 수 있다. 휴대전화 기지국보다 적은 전자파가 나온다는 것이다.

2016년과 2017년 사드와 관련한 논쟁이 한참 일 때 일부 정치인들은 사드의 전자파에 튀겨질 수 있다면서 춤을 추기도 하였다. 성주의 참외에서 레이저가 포함되어 먹을 수 없을 것이라는 허위사실이 마치 사실인 것처럼 알려지기도 하였다.[36] 그러나 정밀한 과학 검사 결과 이러한 점이 사실이 아니라는 것이 드러났다.

환경부 환경영향평가과의 자료에 따르면 사드 전자파의 측정값은

35) SBS 2016년 7월 15일
   https://news.sbs.co.kr/news/endPage.do?news_id=N1003679453
   SBS 2016년 7월 18일
   https://news.sbs.co.kr/news/endPage.do?news_id=N1003684058
   J.J Suh, "Missile Defense and the Security Dilemma: THAAD, Japan's Proactive Peace and the Arms Race in Northeast Asia", The Asia-Pacific Journal Japan Focus Vol.15 No.19, pp.1-6.
   양혜원, "한국과 일본의 사드 배치 과정 비교에 관한 연구", 사회융합연구 제4권 제6호, (2020), pp.158-160에서 재인용.
36) 중앙일보 2023년 6월 22일
   https://www.joongang.co.kr/article/25171653#home

소규모 환경영향평가를 한 시점인 2017년부터 2023년까지의 측정한 자료를 종합하여 분석한 데이터이다. 또한 전파법 제66조의 2에 따른 한국전파진흥협회에서 전문기관이 측정한 자료로서 신뢰도를 지닌 다.[37)

일본의 사드 배치 과정은 획일화하여 한국과 단순 비교하기는 어렵 다. 왜냐하면 앞서 이야기하였듯이 일본은 미국의 미사일 방어에 참 여하고 있다는 점을 명확하게 하였고 그 이후에 사드 레이더 기지를 배치한 것이다. 따라서 공적인 측면에서 나름대로 의견이 모인 상황 에서 사드를 배치하기로 한 것이다. 게다가 일본은 역사적으로 중국 과 중일전쟁을 오랜 기간 치렀다는 점에서 배경이 다르다고 볼 수 있 다. 그럼에도 불구하고 짚고 넘어가야 할 점이 존재한다. 한국과 일본 에 배치된 사드 레이더가 동일한 기종인 AN/TPY-2라는 점에서 일 본과 다르게 한국의 경우에 지나치게 혹독하게 보복을 당하였다는 것 이다.

일본의 사드 레이더 배치 결정 과정을 살펴보면 다음과 같은 함의 점을 발견할 수 있다. 첫째, 미국과 함께 한다는 점을 보다 명확하게 나타낼 필요가 있다. 일본은 미일동맹을 통하여 안보를 튼튼하게 하 고 일본의 이익에 활용하겠다는 점을 명확하게 하였다. 특히 미국의 미사일 방어에 들어간다는 점을 명확하게 하면서 동맹을 강화하였다. 한국의 경우에도 한미동맹을 굳건하게 한다는 점을 강조하고 보다 명

---

37) 환경부 http://me.go.kr/

확하게 할 필요가 있다. 또한 미국의 미사일 방어에 참여하는 것도 긍정적으로 검토하는 것이 필요하다.

둘째, 일본은 사드 레이더 배치와 관련한 사항은 일본의 이익에 따르는 것이고 일본 국민의 이익을 도모하기 위함이라는 점을 명확하게 하였다. 일본의 사드 레이더는 북한의 공격을 탐지하고 있다. 북한에서 발사하는 미사일을 탐지하여 일본에 공격이 올 경우에 이에 대응한다는 점을 명확하게 하였다. 셋째, 사드 레이더 배치를 결정하고 부지를 선정하는 과정에서 정부, 시관계자 등이 주민과 의사소통하는 자리를 여러 차례 마련하였다. 주민들이 정보를 듣고 판단할 수 있도록 주민설명회를 하였으며 사드 레이더 전문가 검토회도 만들었다. 일본이라고 해서 반대가 아예 없는 것은 아니었지만 시간을 두고 여러 차례에 걸쳐서 소통을 하려는 노력을 하면서 그러한 간극을 조금씩 줄일 수 있었다. 넷째, 일본은 사드 레이더 배치 주변 지역의 주민들에게 무료 건강검진을 일년에 한 번씩 하거나 소음이 문제가 될 경우에는 방음벽을 만드는 방식으로 탄력적인 대응을 하였다. 이러한 노력들은 사드 레이더가 아오모리현 쓰가루시 샤리키 기지와 쿄토 쿄탄고시 교가미사키 기지에 배치되는 동안에 이루어졌다. 사드 부지 선정이나 배치 결정을 함에 있어서 완전무결하게 그리고 만장일치의 동의를 이끌어내기는 쉽지 않다. 아무리 잘 설명해도 반대하는 사람은 나올 수 있다. 그럼에도 불구하고 주민들과 의사소통하려는 노력을 지속하는 것은 필요하다.

Chapter

05

결론과 정책적 함의

결론과 정책적 함의

2016년 2월 중국의 외교부 천하이 부국장은 중국 아주국의 2급 공무원으로 사드와 관련하여 외교적으로 결례이자 협박에 가까운 발언을 하였다. 천하이 부국장은 소국(한국)이 대국(중국)에게 대항하지 말라는 발언을 한 것이다.

군사적인 사실은 면밀하게 살펴보면 한국이 잘못한 부분은 없었다. 한국은 사드를 구매하지 않았고 한국 군에 배치하지 않았다. 그러나 오히려 사드 문제가 가시화되기 2년 전이었던 2014년에 중국은 러시아로부터 S-400을 구매하였다.

무기도 구입하지 않은 국가가 동아시아의 평화를 깨뜨린다는 것은 잘못된 논리이다. 그럼에도 불구하고 사드와 관련하여 한국 국민들은 마치 무엇인가 중국에게 죄를 지은 것처럼 잘못 느끼게 하는 강압적인 느낌을 알게 모르게 받았다. 한국이 사드를 배치하는 것이 군사적인 부분에서 잘못된 것으로 오인받았으나 실상을 들여다보면 북한의 핵위협과 탄도미사일로부터 패트리어트가 막지 못하는 고도의 방어력을 확보하기 위하여 주한미군에 배치된 것이다.

윤석열 정부는 출범하면서 사드 기지를 정상화하는 것이 필요하다고 밝혔다. 환경영향평가도 2023년에 마무리하였고 과학적으로 문제가 없다는 점이 2017년부터 2023년까지의 데이터를 통하여 나타났다. 또 2021년 군이 5월 셋째주 부터 일주일에 2번 총 60여차례 공사 자재, 생활물품, 인력 등을 반입하던 것을 2022년 6월에는 공사 자재, 생활물품, 인력 등의 차량 반입 횟수를 일주일에 5번으로 늘렸다. 40만㎡의 부지 공여 조치도 완료하였다.

한국은 현재 L-SAM을 개발하는 중에 있고 요격 실험에도 성공하였으나 약 50~60㎞의 고도를 방어한다는 점을 고려하면 아직 제한적인 방어가 가능한 기술 수준에 해당한다. 사드는 40-150km를 방어하는 무기체계로서 반드시 추가적으로 배치되는 것이 필요하다. 사드를 배치하는 것은 북한의 핵위협이 고도화되고 탄도미사일 위협이 강화되면서 안보 공백을 없애고 다층 방어를 가능하게 하게 한다.

중국은 한국과 미국이 연합훈련을 할 때 비난하지만 정작 중국은 러시아와 군사훈련을 여러 차례 실시한다. 중국이 하는 모든 행동은 다 옳고 행해도 되는 것이고 한국이 하는 행동에 대해서는 트집을 잡고 비난하는 것은 옳지 못하다.

중국이 S-300을 약 10년 동안 운용하고 유사한 무기인 HQ-9를 개발하였으며 S-400을 2014년에 구매한다는 결정을 했던 부분이 더 공격적이라고 볼 수 있다. 한국은 반대로 아직까지도 사드를 구매하지 않은 상황이다. 무기도 구입하지 않았던 잘못하지 않은 국가에 대하여 동아시아의 평화를 깨뜨린다면서 억압하고 보복하여서는 안된다. 사드를 배치하는 것은 주권의 영역에 속하기 때문에 중국의 허락을 받을 필요가 없는 문제이다. 한국 정부가 국민의 안전을 위하고 국토를 수호하기 위하여 필요하다면 배치할 수 있는 것이다.

지난 박근혜 정부에서 사드를 배치했던 과정을 되돌아보면 북한의 4차 핵실험 이후에 사드를 배치하겠다는 결단을 내린 점에서는 의의가 있다. 그러나 취임이후에 오랜 기간을 3NO의 입장을 유지하다가 갑작스럽게 바꾸는 것은 국민들에게 혼란을 줄 수 있는 여지가 존재하였다. 좀 더 시간을 두고 정확한 군사적인 사실과 정보를 전달하고 소통하였더라면 더 좋았을 것이다.

한국 국민들은 사드와 관련한 이야기가 나오면 발언을 삼가는 모습이 나타났다. 왜냐하면 경제적, 외교적, 문화적으로 눈에 보이는 보복을 당한 경험이 있기 때문이다. 사드에 대하여 괜히 이야기를 꺼내서 문제로 삼고 싶지 않기 때문에 이를 외면하거나 군사적인 진실에 대하여 잘못된 정보가 유포되기도 하였으나 이러한 점은 올바른 군사적인 사실로 진실이 드러나 한국인들이 사드와 관련하여 무엇인가 잘못하는 것 같다는 죄의식을 벗어나는 것이 필요하다. 한국은 사드와 관련하여 잘못한 부분이 없으며 죄없이 중국에게 매를 맞은 상황에 해당하기 때문에 이를 올바르게 바로잡는 것이 필요하다.

한국은 지리적으로 중국과 인접하고 있고 경제적인 무역을 많이 하고 있다. 중국은 6.25전쟁에서 정전협정에 서명을 한 국가이기도 하다. 지리적으로 경제적으로 가까운 데 공연하게 불편하고 싶지 않다는 점으로 인하여 사드와 관련한 진실이 수면 아래에 숨어 있었다. 한국은 KAMD를 통하여 군사력을 증강하는 것이 필요하다. 로마의 베게티우스는 (Vegetius)는 평화를 원한다면 전쟁을 준비하라(Si Vis pacem, para Bellum)고 말하였다. 이 말의 진정한 의미는 평화는 힘에서 나온다는 것을 뜻한다. 경제력, 군사력, 외교력과 같은 힘을 기르는 것이 무엇보다 중요하다.

또한 한국은 6.25전쟁과 같이 한국이 가장 힘들고 어려울 때 함께한 미국과의 동맹을 강화하는 것이 필요하다. 미국은 전세계 3위의 인구 수를 지니고 있고 한미상호방위조약을 통하여 한반도에서 전쟁을 억제하는데 영향력을 발휘하였다. 한국은 미국과 공동연구개발을 하여 군사기술력을 향상시키고 이를 통하여 경제를 활성화시키는 것이 필요하다. 1945년 미국의 방위산업체인 레이시온에서 일하던 퍼시 스펜서(Percy LeBaron Spencer)라는 사원은 '새로운 레이더 기술을 위한 마그네트론에 관한 연구'를 하는 도중에 군사용 레이더에 쓰이는 마그네트론 튜브를 80% 공급하는 연구를 하였다. 마그네트론은 레이더의 필수 부품장치로서 극초단파 전자기파를 생성한다. 주머니에 넣어두었던 초콜릿을 녹는 것을 보고 마그네트론에서 발생하는 마이크로파를 응용한다면 음식을 데워먹는 것이 가능하다는 점을 발견하고 연구개발에 매진하였다. 1947년 레이시온에서 세계 최초 전자레인지인 레이다레인지 (Radarange)를 발명하게 된다. 군사과학기술은 단순히 무기에만 쓰이는 것이 아니라 전자레인지와 같은 상업용 기술 발전과 밀접한 연관이 되어 있다. 이러한 기술을 바탕으로 더 좋은 제품을 생산할 수 있는 것이다. 한국이 세계 1위의 기술력을 보유한 미국과 협력한다면 보다 빠르게 성장하는 것이 가능해진다. 일본, 이스라엘의 경우에 미국을 활용하여 최첨단 기술을 이전받았고 이를 각 국가의 이익에 활용하였다. 한국은 완전무결한 것을 중요하게 여겨서 100% 기술 이전을 원하지만 국제정치에서 어떠한 국가도 처음부터 100% 기술을 이전하는 국가는 없다. 5-10%에서 시작하여 점차 기술력을 높여가면서 성능을 향상시키는 것이 중요하다.

한국은 핵심원천 기술이 다소 부족한 상황에 놓여있기 때문에 이미 사용화되는 무기를 따라잡는 데 오랜 시일이 소요된다. 사드와 유사한 무기라고 할 수 있는 S-500을 러시아가 개발하였지만 이와 유사한 무기를 만들기 까지는 여전히 시간이 소요될 것이 예상된다. 현장에서 피와 땀과 눈물을 흘리는 기술자들의 노고를 덜 수 있는 방법은 전략적으로 미국을 활용하는 것이다. 한미동맹을 강화하고 사드를 추가적으로 배치하여 한국의 안보를 튼튼하게 하여야 한다.

자유민주주의와 공산주의는 이미 자유민주주의의 승리로 끝났다. 김일성 시대의 주체사상은 주체사상을 만들었던 황장엽 전 비서가 1997년 탈북하고 김일성을 비난하면서 버린 사상이다. 주체사상을 만든 황장엽 전 비서가 버린 사상이 자유민주주의보다 강할 수 없다.

황장엽 전 비서는 굶주림과 추위로 죽어가는 북한 주민을 실제로 보고 북한의 실상을 경험한 다음에 탈북하였다.

북한은 현재까지도 핵무기와 탄도 미사일을 고도화하는 것에 총력을 기울이고 있다. 북한 정권이 핵무기와 탄도 미사일을 만드는 비용을 북한 주민의 식량에 사용하여야 한다. 북한 주민의 인권을 높이기 위해서 북한은 비핵화 되어야 하는 것이다.

한국은 저출산 고령화로 인구가 감소하는 추세에 놓여있지만 북한의 핵무기와 탄도 미사일 위협은 더 커지고 있다.

이러한 상황을 현실적으로 고려할 필요가 있다. 인구가 계속해서 감소하는 가운데 단독 방어만 옳다고 우긴다면 국제정치에 동맹이 있을 필요가 없다.

역사 속에서 오랜 기간 동안 국제정치에서 현실주의가 작동하는 모습이 나타나고 있고 앞으로도 변하지 않을 것이다. 국제정치는 냉혹한 현실주의 논리가 적용되며 국가들은 생존하기 위하여 노력한다. 힘의 논리가 적용되는 국제정치에서 한국은 살아남기위하여 전략적 선택을 하여야 한다. 가장 중요한 것은 국민을 지키고 국가의 이익을 확대하는 것이다.

북한이 핵을 포기하지 않고 미사일 위협을 지속하는 한 한국은 사드를 추가배치하여 동맹의 이익을 얻고 안보를 확보하여야 한다.

📖 참고문헌

김동훈 · 김법헌, "언론 보도 및 사회적 인식과 군 대응에 관한 연구: 사드 (THAAD) 배치를 중심으로", 인문사회과학 연구 제31권 제1호, (2023).

김태효, 「그들은 왜 정답이 있어도 논쟁 하는가」, (서울: 성균관대학교 출판부, 2019).

박휘락, "사드(THAAD) 배치를 둘러싼 논란에서의 루머와 확증편향", 전략연구 제68호, (2016).

손대권 · 안슬기, "주한미군 사드(THAAD) 배치 결정에 대한 북한의 보도행태 및 전략적 함의: 『로동신문』과 『우리민족끼리』 기사를 중심으로", 동아연구 제36권 1호, (2017).

양혜원, "한국과 일본의 사드 배치 과정 비교에 관한 연구", 사회융합연구 제4권 제6호, (2020).

유성훈, "경제제재는 대상국 여론에 어떠한 영향을 미치는가 사드 배치를 둘러싼 중국의 대한국 경제제재 사례를 중심으로", 아세아연구 제66권 제1호, (2023).

임성훈, "사드사태가 면세점의 중국 소비자 구매행동에 미치는 영향: 면세점 마케팅믹스와 구매의도 간 사드사태의 매개효과 실증분석", 관세학회지 제24권 1호, (2023).

임재형 · 김강민, "한국사회 이념갈등의 발생 원인과 해결방안: 사드 배치 갈등 사례를 중심으로", 한국동북아논총 제28권 제2호, (2023).

현인택, 「헤게모니의 미래」 (서울: 고려대학교출판문화원, 2020).

Ahmad Fatih Muharram Muhammad Aryabima Pratama Son Adillah Patra, "Respon China Terhadap Kebijakan Penem-

patan Sistem Terminal High Altitude Area Defence Korea
Selatan", *Frequency of International Relations* Vol 5 No.1.

Andrew Futter, *Ballistic Missile Defence and US National Security
Policy*, (NY: Routledge, 2013).

Bruce Klingner, *South Korea needs THAAD Missile Defense*, (The
Heritage Foundation, 2015).

Department of State Office of the Historian, "The Gulf War, 1991"
https://history.state.gov/milestones/1989-1992/gulf-war

Ethan Meick Nargiza Salidjanova, "China's Response to U.S.-South
Korean Missile Defense System Deployment and its
Implications", *U.S.-China Economic and Security Review
Commission*, July 26 2017.

Gordon R. Mitchell, "Whose shoe fits best? Dubious physics and
power politics in the TMD footprint controversy, *Science
Technology, & Human Values* Vol.25 No.1, (2000).

Hans J Morgenthau, *Politics Among Nations*, (New York: Alfred A.
Knopf, 1948).

Jaganath Sankaran, "Missile defense and strategic stability: Terminal
High Altitude Area Defense (THAAD) in South Korea", *Los
Alamos National Laboratory* LA-UR-16-21377 2017.

J.J Suh, "Missile Defense and the Security Dilemma: THAAD,
Japan's Proactive Peace and the Arms Race in Northeast
Asia", *The Asia-Pacific Journal Japan Focus* Vol.15 No.19.

Jung H. Pak, "Trying to Loosen The Linchpin: China's Approach
to South Kprea", *Brookings Research report* July 2020.

Kyung-young Chung, "Debate on THAAD Deployment and ROK
National Security", *Institute of Foreign & Security Policy*

on *East Asia EAI Working Paper* October 2015.

Michael D. Swaine, "Chinese Views on South Korea's Deployment of THAAD", *Carnegie Endowment for International Peace*, February 02 2017.

Michael Elleman · Michael J. Zagurek, Jr, "THAAD: What It Can and Can't Do", A *38 North Special Report*, March 10 2016.

Michael J. Green Zack Cooper and Kathleen H. Hicks, *Federated Defense in Asia*, (Center for Strategic and International Studies, 2014).

Niccolo Machiavelli, *The Prince: Strategy of Niccolo Machiavelli*, (Createspace Independent Publishing Platform, 2017).

Osamu Koike, "Deployment of the THAAD System to South Korea —Background and Issues", *The National Institute for Defense Studies* No.58, (2017).

Pike, J · Corbin, M, "Taking aim at the ABM treaty: THAAD and U.S. security", *Arms Control Today*. Vol. 25 No.4, (1995).

Postol, T. A. & Lewis, G. N. (2016). "The illusion of missile defense why THAAD will not protect South Korea", *Global Asia* Vol. 11 No.3, (2016).

Tenny Kristiana, "China's Carrot and Stick Game on Terminal High Altitude Area Defense (THAAD) System Deployment", *Studies on Asia* Vol. 6, Issue 1, (2021).

Thucydidies, *The History of the Peloponnesian War*, (Penguin Books, 1954).

U.S Government Accountability Office(GAO), "Missile Defense: Ballistic Missile Defense System Testing Delays Affect Delivery of Capabilities", Washington D.C, 2016, GAO-16-

339R Ballistic Missile Defense.

Wu Riqiang, "South Korea's THAAD: Impact on China's Nuclear Deterrent", *RSIS Commentary* No. 192 - 27 July 2016.

Zhao Tong, "The Perception Gap in the THAAD Dispute - Causes and Solutions", *Carnegie Endowment for International Peace China International Strategy Review* November 22, (2018).

연합뉴스 2017년 9월 6일

https://www.yna.co.kr/view/AKR20170906115500014?input=1195m

연합뉴스 2019년 7월 26일

https://www.yna.co.kr/view/AKR20190726076500074

연합뉴스 2020년 1월 27일

https://www.yna.co.kr/view/AKR20200127060500080

중앙일보 2023년 6월 22일

https://www.joongang.co.kr/article/25171653#home

환경부

https://me.go.kr/

SBS 2016년 7월 15일

https://news.sbs.co.kr/news/endPage.do?news_id=N1003679453

SBS 2016년 7월 18일

https://news.sbs.co.kr/news/endPage.do?news_id=N1003684058

SBS Biz 2019년 7월 26일

https://biz.sbs.co.kr/article/10000949916

이 책은 저자의 2020년의 논문 "한국과 일본의 사드 배치 과정 비교에 관한 연구"를 수정 보완 발전시킨 책입니다.

한국의 사드
South Korea's THAAD (Terminal High Altitude Area Defense)

초판인쇄 ｜ 2024년 2월 20일
초판발행 ｜ 2024년 2월 20일
지은이 ｜ 양혜원(梁惠嫄)
펴낸곳 ｜ 로얄컴퍼니
주소 ｜ 서울특별시 중구 서소문로9길 28
전화 ｜ 070-7704-1007